《问问物理学》

冰为什么很滑？

[英] 安娜·克莱伯恩 著　胡良 译

电子工业出版社
Publishing House of Electronics Industry
北京·BEIJING

Why is ice slippery? and other questions about materials
First published in Great Britain in 2020 by Wayland
© Hodder and Stoughton, 2020
All rights reserved.

版权贸易合同登记号　图字：01-2021-1839

图书在版编目（CIP）数据

问问物理学.冰为什么很滑？ /（英）安娜·克莱伯恩著；胡良译. --北京：电子工业出版社，2022.6
ISBN 978-7-121-43354-2

Ⅰ.①问… Ⅱ.①安… ②胡… Ⅲ.①物理学—少儿读物 Ⅳ.①O4-49

中国版本图书馆CIP数据核字（2022）第070689号

责任编辑：刘香玉
印　　刷：北京瑞禾彩色印刷有限公司
装　　订：北京瑞禾彩色印刷有限公司
出版发行：电子工业出版社
　　　　　北京市海淀区万寿路173信箱　邮编：100036
开　　本：889×1194　1/16　印张：10　字数：207千字
版　　次：2022年6月第1版
印　　次：2022年7月第2次印刷
定　　价：120.00元（全5册）

　　凡所购买电子工业出版社图书有缺损问题，请向购买书店调换。若书店售缺，请与本社发行部联系，联系及邮购电话：（010）88254888，88258888。
　　质量投诉请发邮件至zlts@phei.com.cn，盗版侵权举报请发邮件至dbqq@phei.com.cn。
　　本书咨询联系方式：（010）88254161转1826，lxy@phei.com.cn。

目录

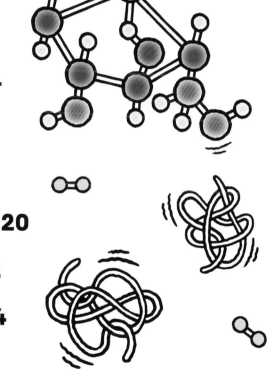

物质是什么?

伸出手,感受周围的一切。

你触摸到的是书,还是衣服?是椅子、沙发,还是零食?如果你此时在沙滩上,周围是不是全是沙子和礁石?

好吧,无论你现在身在何处,如果没有物质的话,那么你根本不可能出现在那里。

礁石　海水　沙子　衣服

没有物质,我们将无处可坐、无衣可穿、无物可用,当然也将不会有这本书。其实,这些都不重要了,因为那时候人也可能不存在了。

物质=材料

很简单,所有的物质都是由材料构成的。世界上有无数种不同的物质。

下面是一些常见的物质:

天然物质

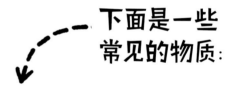

水　岩石　土壤　黄金

生物物质

骨头

木头　棉花　羊毛　蛋壳

4

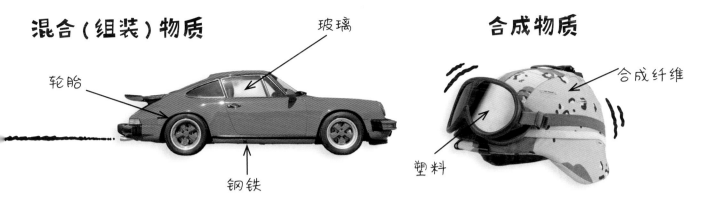

混合（组装）物质

轮胎

玻璃

钢铁

合成物质

合成纤维

塑料

生活中，表示物质或材料的词语还有一些，比如东西、物体、实物、事物等。

 物质是标准的科学术语!

科学家们有时也用"质量"这个词汇，质量是指物质的数量。

那是什么??

呃……我想这是物质。

物质

例如，这个物体的质量大约是300克。

物质世界

物质遍布我们的周围：我们生存的地球、我们居住的房屋、我们每天吃的食物，甚至包括我们人类自己。为了更好地生存，我们需要了解不同物质的构成、原理、功用及其变化。

自人类诞生以来，人们一直在探索和试用物质，了解它们可以做什么以及如何使用，并思考有关物质的各种各样的问题。

这本书将尝试回答其中的一些问题!

物质是由什么构成的？

这是个好问题！

你可能认为科学家们现在已经能回答这个问题了，但实际上这个问题很难回答。

我们现在确定知道的是⋯⋯

物质是由被称为原子的微小的粒子组成的。

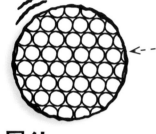 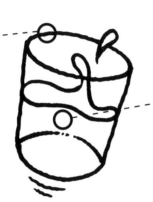

固体中，原子紧紧地挤在一起，位置相对固定。

液体中，原子可以移动或流动。

气体中，原子更分散。

 元素

原子有不同的类型，每种原子构成一种纯物质或元素。例如，金元素是由金原子构成的。

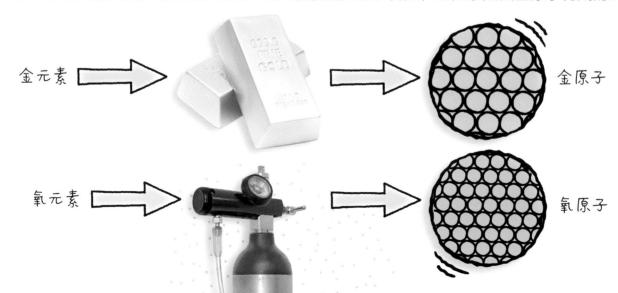

金元素 →

氧元素 →

金原子

氧原子

化合物

不同的原子结合在一起构成分子。由分子（两种或两种以上不同元素）构成的物质称为化合物。

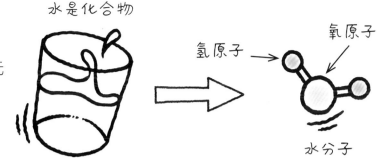

水是化合物

氢原子

氧原子

水分子

混合物

元素和化合物混合在一起也可以形成更多的物质。由两种或多种物质混合而成的物质称为混合物。

泥浆是一种混合物。

★ 泥浆是由水和土壤颗粒混合而成的。

泥浆

☆ 没有最小，只有更小……

原子是由更小的粒子组成的，如质子和电子。
而质子和电子又由更小的粒子组成，如夸克和轻子。

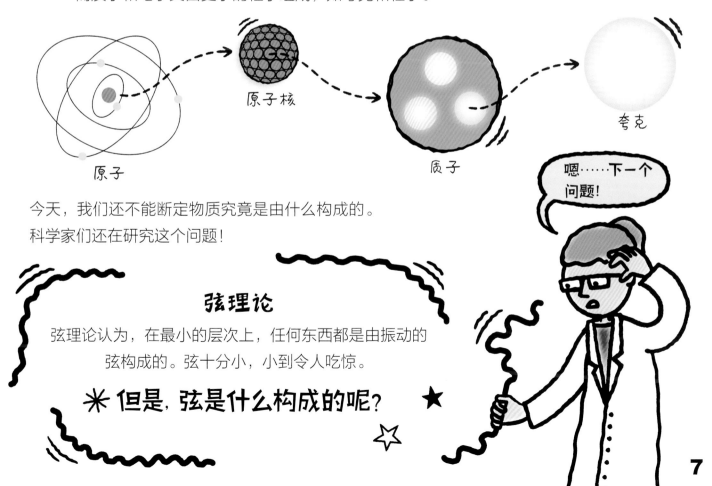

原子

原子核

质子

夸克

今天，我们还不能断定物质究竟是由什么构成的。
科学家们还在研究这个问题！

嗯……下一个问题！

弦理论

弦理论认为，在最小的层次上，任何东西都是由振动的弦构成的。弦十分小，小到令人吃惊。

※ 但是，弦是什么构成的呢？

原子和分子有多大?

仔细观察任何物体，无论我们距离它多近，都看不出来组成它的原子。那是因为这些原子实在太小了！

单个原子 太小了，根本看不到！

普通原子的直径约为0.0000001毫米，也就是千万分之一毫米。

本书每页纸都大约有100万个原子摞在一起那么厚。

你小小的一片指甲上可以容纳大约25亿个原子。

这样一杯水中含有大约24尧个原子。

1尧 = 1000000000000000000000000

一杯水里有2400000000000000000000000000个原子，这个数比用这个杯子度量地球上海水的杯数还要大。

原子里的空间

原子并非实心的球，它有一个坚实的中心，称作原子核。称作电子的微小颗粒围绕着原子核旋转。

电子　　原子核

在这个示意图中，原子核看起来相当大，我们甚至可以清楚地看到它。但它实际上很小很小。如果把整个原子比作足球场那么大……

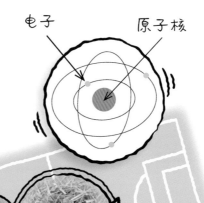

即便放大这么多，原子核也才能像足球场上的一粒豌豆那么丁点！

人体质量其实很小

原子内的大部分空间都充满了微小的高能电子云，它们其实都不算物质。

氦原子　金原子　碳原子

这么看来，如果我们把人体所有的原子都压扁排空，把每个原子都变成实体物质，其实人的身体比一粒盐还小。

大原子和小原子

不同类型的原子包含不同数量的粒子，因此一些原子会比另外一些原子更重、更大。

分子组成

分子是由原子结合在一起组成的。有些分子很小，如水分子，它只包含三个原子：两个氢原子和一个氧原子。

有些分子较大，如这种在水果中发现的果糖分子。

草莓之所以味道甜美，就是因为含有大量的这种果糖分子！

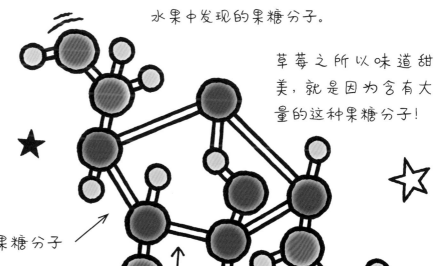

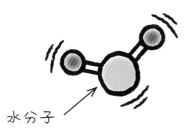

水分子

果糖分子

图中这些小棍棒有什么用？

在分子图和模型中，通常把原子用小棍棒连接在一起，这样就可以清晰地辨识它们。

事实上，分子更像右图中这样，几个原子挤靠在一起。

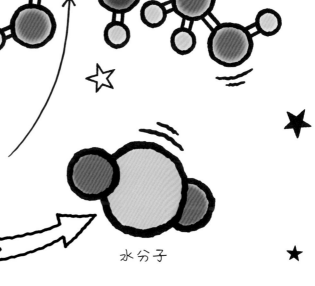

水分子

冰为什么很滑?

一般情况下，物质主要有三种存在形态：固体、液体和气体。
冰是水的固体形态，我们都知道冰很滑。

千万别滑倒了!

冰之谜

冰很滑是常识，我们都视之为理所当然。但实际上，找出冰很滑的原因并不是件简单的事情。长期以来，科学家们先后给出了多种解释，但后来证实基本是错误的。以下是常见的两种。

① 人站在冰上使冰融化

错误!

压力确实可以降低冰的冻结温度，使冰开始融化。所以科学家们认为，无论穿溜冰鞋还是其他鞋子站在冰上，都能够使冰的表面融化成一薄层水，以至于人在上面走动时会打滑。然而，实验表明，需要很大的压力才能使冰面融化成水，一个人身体的重量根本无法做到。因此，这个解释不对。

② 摩擦生出的热使冰融化

错误!

表面摩擦确实能够产生热量，就像我们揉搓双手可以取暖。所以，另一个解释就是：在冰上滑来滑去时发生的摩擦产生了热量，使冰面的一小层发生了融化。滑冰运动员在冰上快速滑行时，就会发生这种情况。但我们都知道，即使人站在冰上不动也能够感觉到冰面的湿滑。因此，这个解释也不对!

请仔细想想，为什么冰融化成水后会那么滑呢？潮湿的地板或岩石都会有点儿滑——但绝对不会像冰那么滑。

那么答案究竟是什么呢?

顶层水分子"滚珠"新解

最新的理论解释是，构成冰体表面的一些水分子是自由断裂的。

在冰体中，水分子以固定的网格或晶格的形式组合在一起。

但在冰体表面，部分水分子会断裂。

断裂开的松散的水分子在冰体表面上滚动或滑动，就像在光滑地板上滚动的珠子……

从而使冰很难"抓"紧!

哎哟!

你知道吗?

当非常非常冷，温度低于-40℃时，冰就不滑了!

为什么空气是看不见的?

我们身处空气当中。空气是由多种气体混合组成的,而这些气体都是物质。但是,为什么我们看不到空气呢?

什么是气体?

气体是物质存在的三种形态之一。物质的形态取决于它的温度。

固体

分子固定在一起构成固体,但整体可动。

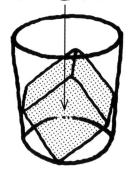

固体的形状通常是稳定的。

液体

分子有更多的能量,可以快速移动。

液体可以流动,形状多变。

气体

分子更快速地运动,四处游荡。

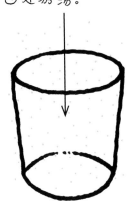

气体分子互相碰撞,然后分散开。

固体受热后融化,变成液体。

液体受热后蒸发,变成气体。

热量

你也许知道水在0℃凝结成冰(固体),在100℃沸腾成为蒸汽(气体)。但其他物质改变形态需要的热量、临界温度都各不相同。

巧克力在32℃左右熔化。

金属汞在室温下呈液态,但在-39℃左右凝结为固态。

空气的组成

空气主要由氧气和氮气组成。在我们常见的温度下，它们通常是气体形态。

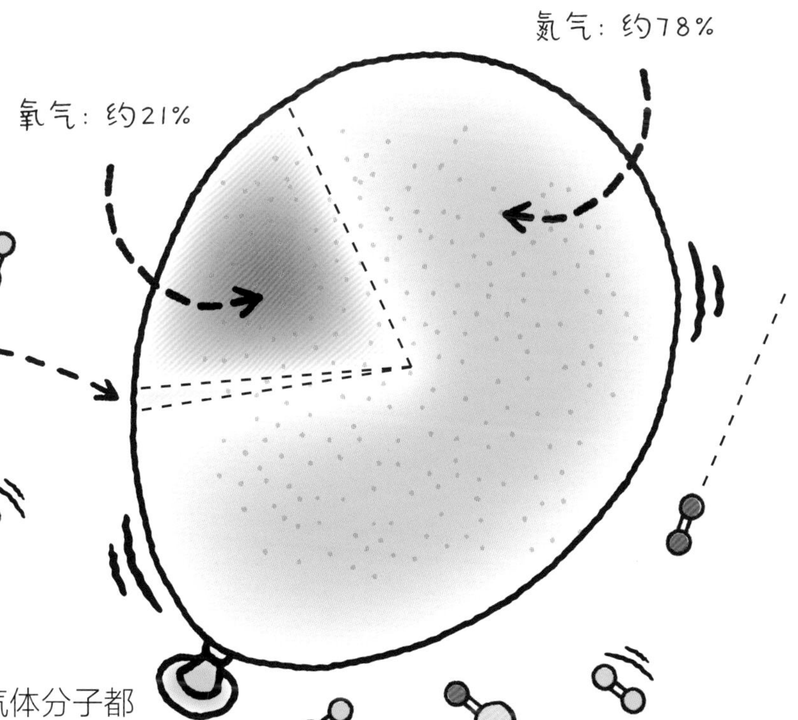

少量的其他气体，如氩气、二氧化碳、水蒸气（水煤气）。

空气的上述成分都是气体，微小的气体分子都在快速运动，分子之间有很大的空间。每个分子都太小了，我们的肉眼根本看不见，所以我们看不见空气。

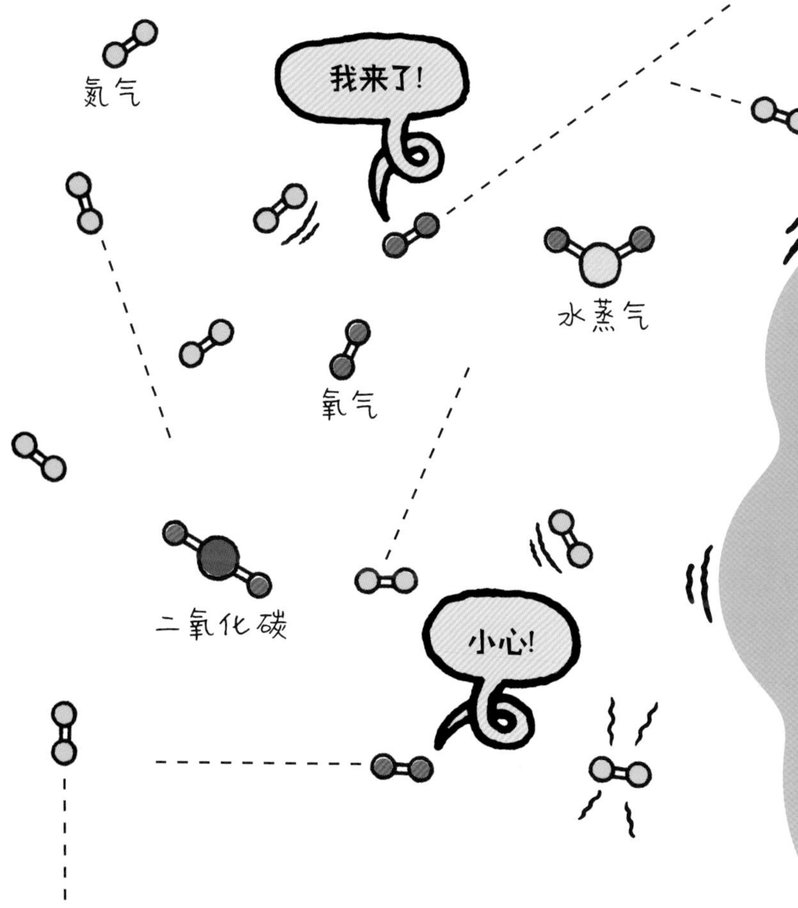

空气的成分

氮气：约78%

氧气：约21%

氮气

我来了！

水蒸气

氧气

二氧化碳

小心！

固态空气

空气可以是液态，甚至是固态。液态空气就像水一样，当温度低到-194.35℃时，空气就变成了液态。当温度继续降到-215℃时，液态空气就凝结成了固态。

13

头发能像钢丝那样坚韧吗？

你可能听过头发像钢丝一样坚韧的说法。这种说法似乎不可思议，因为头发很软，很轻易就能扯断，而钢能被用来建造摩天大楼和重型机械。

在童话故事里，王子顺着长发公主的头发爬上了城堡。

头发真的足够结实，以至于能够用来攀爬么？

每种物质都有自己的特性和功能。例如……

有弹性吗？

能在水里漂浮吗？

是硬的，还是软的？是光滑的，还是粗糙的？

强度怎么样？

有没有韧性？

能防水吗？

是透明的吗？

物质的属性决定了它能用来做什么，也决定了它不能用来做什么。

牛仔布可以用来制作结实的牛仔裤，但用来做茶壶的话一定很糟糕！

头发强度测试

强度是一个重要的属性，无论是建筑物、桥梁，还是平底锅、缝纫线，每种物体都需要具有相应的强度。

强度测试可测量一束材料在断裂之前可以承受的重量。因此，材料科学家经常做强度测试。

给一束材料挂上重物，测得它所能承受的重量。

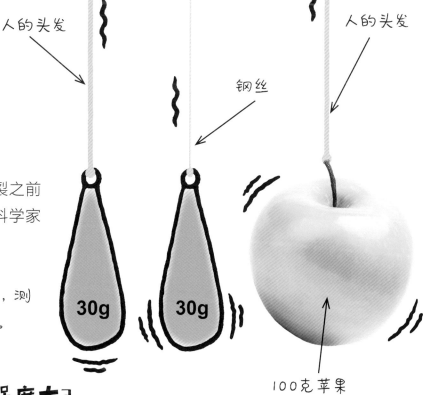

人的头发

钢丝

人的头发

30g

30g

100克苹果

哪个强度大?

在这个测试中，头发表现良好。一根普通头发可以承重100克——一个大苹果的重量。虽然它的强度还是不如钢，但却和铝等其他金属一样强。

通常情况下，每个人大约有100000根头发。如果一根头发可以承受一个苹果，那么从理论上来讲，一个人满头的头发就可以承受两头大象的重量！

（不过注意，我们的发根没有那么牢固，所以不要在家中试验在头发上挂重物。）

★ 拉伸，不要挤压

但是，这只是强度的一种类型，称为抗拉强度（意味着拉力）。科学家们还测试了抗压强度，意思是当物体被挤压时的坚固程度。

在那个测试中，钢要比人的头发坚固得多。

盐为什么会在水中消失？

放一匙盐到一杯水里，搅拌一下，你会发现：

嗒嗒嗒嗒! 它消失了!

水看起来还和原来一样，没有任何变化。试着在另一杯水中加一匙糖，同样的事情再次发生。

哦不——咸咸的!

嗯——甜甜的!

味觉测试

你可以通过品尝证明糖和盐还在水里。不需要把整杯都喝完，只要用筷子蘸一点儿水，然后碰一碰舌头就可以了。

盐、糖和许多其他物质之所以会这样，是因为它们进入水中会溶解。水把它们分解成小分子，有时甚至是原子。

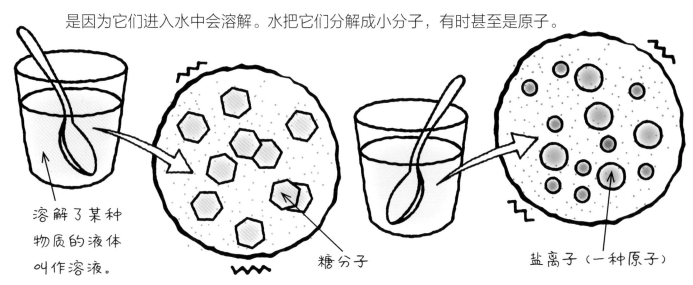

溶解了某种物质的液体叫作溶液。

糖分子

盐离子（一种原子）

所有的东西都能溶于水吗？

不！很多物质确实能溶于水，但也有一些不能。

糖和盐可以。

有些类型的岩石也可以溶于水，如石灰岩。

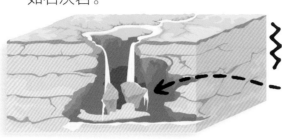

石灰岩洞穴就是水溶解岩石而形成的。

不溶于水的东西也有很多，如蜡、黄金和橡胶。

其他溶剂

有些东西，如指甲油，它不溶于水，却会溶于另一种液体！

指甲油不溶于水，所以在洗澡或游泳时也不会轻易掉色。

你只能用洗甲水去除指甲油。洗甲水含有另一种溶剂，成分有乙酸乙酯等，可以溶解指甲油。

消失了还能再回来！

如果你已经把盐或糖溶解在了水中，别担心，它们还可以再回来。

将一些溶液倒在盘子里。

将其放置在温暖的地方，如阳光充足的窗台上。

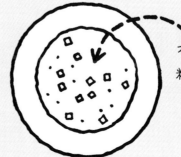

水蒸发后，盐或糖就回来了。

17

晶体从哪里来？

晶体既有稀有贵重的材料，如钻石，也有一些最常见的材料，如盐、糖和冰。

钻石

翡翠

糖晶体

晶体的形状

在晶体中，分子始终以一种重复的方式组合在一起。根据分子的形状，晶体就有了特定的形状。

举个例子……食盐。

盐分子由两种原子组成：钠原子和氯原子。

 钠原子　 氯原子

它们组合在一起形成一个立方体分子。

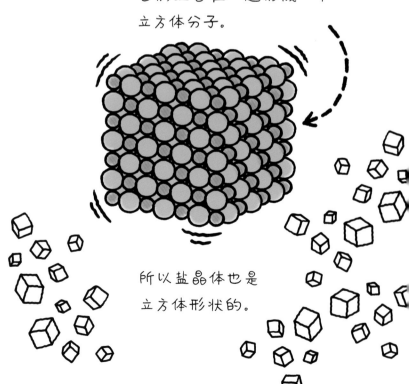

所以盐晶体也是立方体形状的。

能 "生长" 的晶体

晶体没有生命, 但它们会 "生长"。当越来越多的原子或分子以同样的方式连接到晶体上时, 就会发生这种情况。

岩石熔化后再冷却就可能形成晶体。例如, 钻石生长在地下深处熔化的岩石或岩浆中。

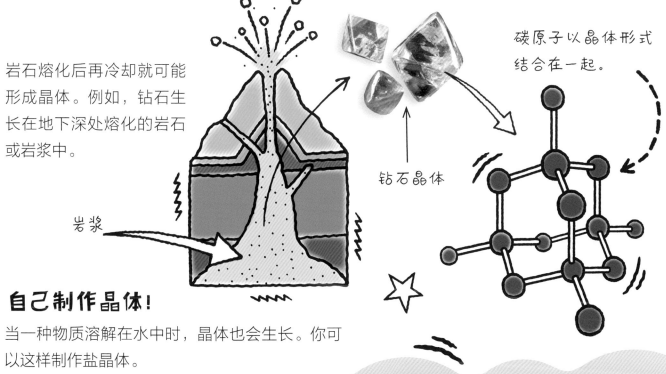

碳原子以晶体形式结合在一起。

钻石晶体

岩浆

自己制作晶体!

当一种物质溶解在水中时, 晶体也会生长。你可以这样制作盐晶体。

将盐放入一罐或一壶热水中搅拌, 直到它完全溶解。把回形针系在绳子上, 浸入溶液中, 绳子的另一端系在铅笔上, 把铅笔搭在罐口, 如图所示。

放几天, 晶体就会出现并逐渐长大。

酷酷的晶体

2000年, 矿工们在地下深处发现了一处洞穴, 里面长有长达12米、宽4米的巨大亚硒酸盐晶体——有一所房子那么大!

雪花是晶体。它们有六个瓣, 因为它们是由六个面的冰分子生长而来的。

当你透过透明的冰洲石看物体时, 所有影像看起来都是双重的!

为什么鸡蛋在烹饪时会变成固体？

我们都知道，大多数物质在加热时会变成液体，在冷却时会凝结成固体。你可以看到这种情况发生在水、黄油和巧克力上。

但有些物质却似乎打破了这些规则……

在平底锅里加热流淌着的鸡蛋液……

它慢慢变得坚硬，最后成为固体！

那烤面包呢？当你把面包放在烤面包机里时，它没有熔化。

它只会变得焦黑干脆。

这是怎么回事呢？

像面包和鸡蛋(以及许多其他食物)这样的材料含有复杂的化学混合物，当它们被加热时，它们就会发生反应和变化。

鸡蛋中含有一种叫作蛋白质的呈卷曲状的化学物质。

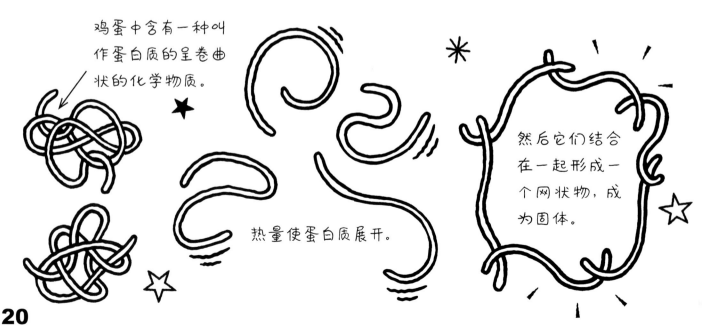

热量使蛋白质展开。

然后它们结合在一起形成一个网状物，成为固体。

面包含有碳水化合物。

当它们被加热时，它们就会开始燃烧，释放出碳。

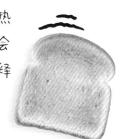

碳看起来是黑色的，所以烤过的面包片会发黑。

哎哟！

如果你继续加热，它还会着火！

不可逆的变化！

更重要的是，你不能撤销这些变化。你不煎或不烤了，鸡蛋和面包片也不能再恢复原状，因为它们中的化学物质已经永久改变。在科学中，这种现象被称为不可逆转的变化。

水结冰是一种可逆的变化，因为你可以使它恢复原状。

但烹饪过的鸡蛋发生了不可逆转的变化。

当你从冰箱里拿出冰棍时，冰棍里面的水会再次融化。

这个鸡蛋永远都是烹饪过的了！

如果温度足够高，鸡蛋和面包中的物质会改变状态并熔化，或者变成气体。但事实上它们没有，因为会首先发生其他的变化。

假如它们不这样，烹饪将会变成一件不幸的事，因为所有的东西都会变成汤……

一切都是汤！

正是因为物质能燃烧，我们才能生火、点燃蜡烛，并通过燃烧燃料使发动机工作。

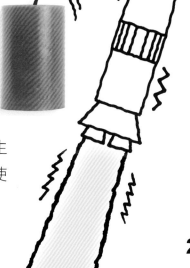

为什么金属摸起来凉凉的？

拿一把金属勺子，将它贴在手臂上，你会觉得它很凉，但是羊毛袜却让人觉得很暖和——即使它们的温度是完全相同的。

凉凉的！

舒适！

感觉凉凉的！

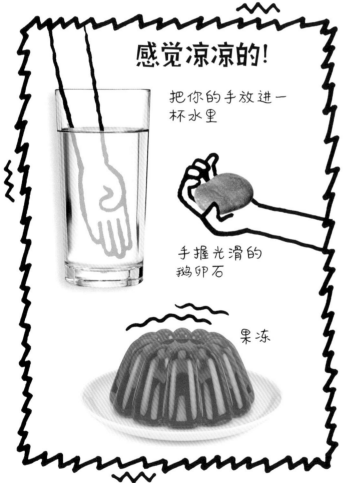

把你的手放进一杯水里

手握光滑的鹅卵石

果冻

感觉暖暖的！

木勺 松软的垫子

聚苯乙烯包装盒

这是为什么呢？

当你触摸一种物质时，你实际上并不能感受到它的温度。

你感觉到的只是你的皮肤在失去还是吸收热量。

这是它的工作原理:

①

在大约20℃的室温下,你的皮肤要比金属勺子更暖和一些,因为人的体温在36.5℃左右。

② 金属的导热性很好,或者说能很好地传递热量。当金属勺子接触到你时,热量便迅速地从你的皮肤上向金属上传递。

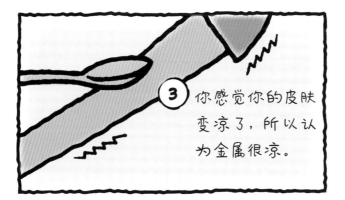

③ 你感觉你的皮肤变凉了,所以认为金属很凉。

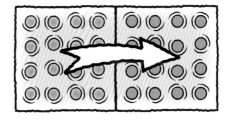④

羊毛袜子的导热性不好,它不能很好地传递热量,从而阻止了你身体热量的流失,这样你的皮肤就会感觉温暖了。

传递热量

在温度较高的物质中,分子具有更多的能量,运动也更频繁。

当一个温暖的物体接触另一个较冷的物体时,速度较快的分子撞击较慢的分子并使它们加速。这就是热量从一个物体传递到另一个物体的方式。

温暖的物体	较冷的物体	热量传递

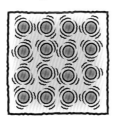 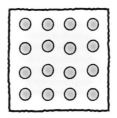 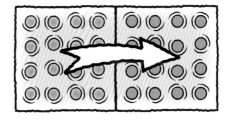

导热性好的材料会很快"吸走"皮肤上的热量,所以它们会让你感觉到凉。

导热性的好与坏

金属是很好的导热体。水、玻璃和石头也是很好的导热体。任何湿的东西导热性都很好,比如果冻。

空气的导热性却很差。让我们感觉温暖舒适的物质中通常都含有空气,比如蓬松的套头毛衣。

所以我们用柔软的面料和蓬松的填充物做被子,而不是用果冻!

舒服!

是什么使埃菲尔铁塔变高了？

有生命的东西，像向日葵或小猫，都会生长。你也会生长。即使是云和晶体也可以生长（见第18~19页），尽管它们并不是活的。

但是金属是如何生长的呢?

埃菲尔铁塔是法国巴黎著名的铁塔。它在冬天高约324米，但是到了夏天，特别是炎热的日子里，它可以增高17厘米。

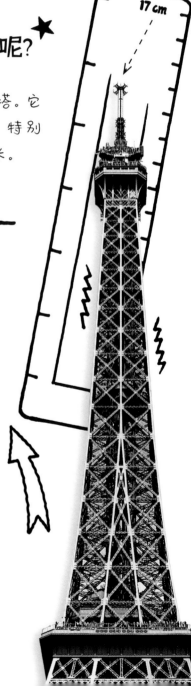

发生了什么?

这是因为大多数物质，尤其是金属，它们会随着温度的升高而变大，这叫作热膨胀。

一小块铁只是稍微变大，不足以引起你的注意。但是，一座约324米高的铁塔的膨胀足以让你轻松测量出它的变化。

在一根铁棒中，分子在四处运动。

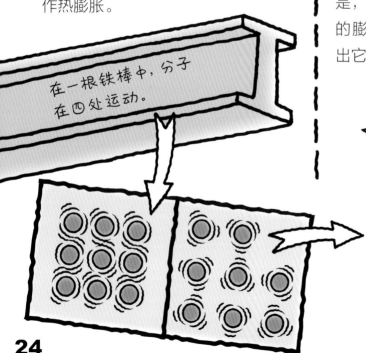

当铁棒受热时，分子四处运动得更激烈，并相互推挤，铁棒因此会变大，或者说膨胀。

生长的空间

这对埃菲尔铁塔来说不算太坏，因为它只是在空气中生长。但如果桥在高温下变长了怎么办？

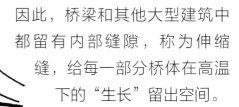

伸缩缝

好！

不好！

因此，桥梁和其他大型建筑中都留有内部缝隙，称为伸缩缝，给每一部分桥体在高温下的"生长"留出空间。

液体和气体

液体和气体也会发生热膨胀。实际上，它们的"生长"甚至超过固体。温度计就是这个工作原理！

温度计里面装有液体。随着温度的上升和下降，液体相应地膨胀和收缩。

气球游戏

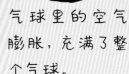

不断生长的海洋

全球变暖正在使冰川融化，这使得海平面上升。同时，海洋变暖，海水膨胀，需要占据更多的空间，也进一步使海平面上升。

请你观察空气的膨胀！把一个气球套在一个空的塑料瓶的瓶颈上。然后把这个瓶子放在一碗热水中。

气球里的空气膨胀，充满了整个气球。

塑料袋永远不会消失吗？

人类已经意识到，塑料袋是个污染环境的大问题。有些塑料垃圾会在陆地和海洋里存留很长很长一段时间。

它们能存留多长时间呢？

很难确定，因为塑料是大约150年前发明出来的。它的存留周期长得令人难以置信，它很难像天然材料那样自然分解、腐烂。因此，我们不确定塑料袋会存留多长时间——可能要数百年了！

有一些海洋生物，比如海龟，会误把塑料袋当成水母吞下去，从而导致死亡。

大量腐烂

当东西腐烂或生物降解时，它们实际上是被细菌吃掉和消化了，细菌会把它们变成天然化学物质。

苹果经常放几天就腐烂了。

塑料袋不会！

木头最终会腐朽。

为什么塑料不会腐烂呢?

塑料是一种合成材料，这就意味着它是人类制造出来的。它是人类石油化工的一种产品。

石油是由微小的古代动植物的身体经过漫长而复杂的演化形成的。

石油

为了制造塑料，我们从石油中提取化学物质并加热，使它们的分子发生变化。

叫作单体的小分子……

结合在一起，形成非常强的长分子链，称为聚合物。

好消息是……

作为一种材料，塑料具有很多非常有用的属性。

柔软

便宜

防水

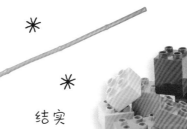

结实

耐用

轻便

这就是为什么我们经常使用它!

坏消息是……

塑料中的聚合物分子又大又强，细菌无法消化。这就是为什么它不会分解和腐烂。它可以分解成更小的碎片——但它们仍然是塑料，对动物和环境有害。

我们能做什么?

救命啊!

☆ 发明可降解的替代塑料。

☆ 找到收集和清理废弃塑料的方法。

培育能够分解塑料的细菌。

同时，尽量避免使用塑料也是个好主意，尤其是塑料袋!

快问快答

水干了以后去了哪里?

在阳光下，水坑里的水或者刚洗完挂起来的衣服上的水会逐渐消失，直至全部不见。水沸腾时会变成气体，但其实即使不沸腾，水分子也会逐渐游离到空气中，变成水蒸气（水汽）。温度越高，水分子移动得越快，也越容易游离，所以水坑或衣服干得也越快。

为什么冰会漂浮在水面上?

大多数物质在变暖时会膨胀或"生长"，变冷时会收缩。然而，水不一样。在4℃以下，水会随着温度下降而停止收缩，并开始再次"生长"。它的分子彼此稍微远离，形成冰晶。这意味着冰的密度比液态水小（就同一体积而言，冰更轻），所以冰可以漂浮在水面上。

如果铅有毒，为什么还用在铅笔上?

铅是一种有毒金属，如果你不小心吞下它或吸入肺里一些，会非常危险。然而，此"铅"非彼"铅"，铅笔中的"铅"并不是由铅制成的，而是石墨。石墨是一种碳（就像烤面包上的黑色物质）。它之所以被称为"铅"，是因为它与真正的铅看起来很像，当人们第一次发现它的时候把它当成了铅的一种。

云是如何飘浮在空气中的?

云是由水形成的，水的密度当然比空气大，所以不能飘浮。但当水变成气体后，它的分子是分散的状态，并且快速移动，就像空气中的其他气体一样。当空气冷却时，水分子开始凝结，并聚在一起形成更大的水滴，这就是云，但它们仍然足够轻，可以飘浮在空气中。

裤子怎么能用木头做呢?

我们用来做衣服的布料有许多不同的来源。棉麻和动物毛都有可以织成布的纤维。我们也可以用塑料制造布纤维。还有一些是通过加工木材或竹子制成的，这就产生了人造纤维和粘胶纤维等面料。

术语表

不可逆变化
对物质来说不能被逆转或被撤销的一种变化，比如煮鸡蛋。

单体
小的单个的分子可以结合在一起形成大分子。

氮
一种常见的元素。氮元素构成氮气，它通常以气体的形式存在，而且占据了空气中的很大一部分。

电子
原子的微小部分。

二氧化碳
空气中发现的一种气体。

分子
由原子结合而成的物质单位。

化合物
由不同元素的原子结合在一起形成分子的物质。

混合物
由两种或多种物质混合而成的物质。

晶格
在某些物质（特别是晶体）中发现的分子的规格模式或网格。

晶体
一种原子或分子排列在规则重复的网格或晶格中的物质。

聚合物
其分子由一系列单体组成，存在于塑料中。

可逆变化
对物质来说可以被逆转或者撤销的一种变化，比如水冻成冰。

离子
带电荷的原子或者原子团。

氢
一种常见的元素，是组成水分子的两种元素之一。

热膨胀
大多数物质在受热时膨胀或变大的方式。

溶解
在液体（比如水）中分解或消失。

溶液
一种溶有另一种物质的液体。

生物
与生命体有关。

水蒸气
以气体形式存在的水。

碳
一种在生物中发现的重要元素。

物质
构成一切事物的基本元素。

物质的形态
物质存在的三种主要形态是固体、液体和气体。

细菌
以某些物质为食的微小生物。

氧
一种常见的元素，是组成水分子的两种元素之一。氧元素构成氧气，它通常以气体的形式存在于空气中。

元素
只由一种原子构成的纯物质，是物质的基本组成部分。

原子
组成物质的微小粒子。

原子核
一个原子的核心部分。

蒸发
从液体变成气体。